PREUSSISCHE AKADEMIE DER WISSENSCHAFTEN

VORTRÄGE UND SCHRIFTEN

HEFT 13

ENERGIESATZ UND NEUERE PHYSIK

VON

PROF. DR. MAX VON LAUE

Mit 20 Abbildungen auf 11 Tafeln

BERLIN 1943

VERLAG WALTER DE GRUYTER & CO

VORMALS G. J. GÖSCHEN'SCHE VERLAGSHANDLUNG · J. GUTTENTAG, VERLAGSBUCHHANDLUNG · GEORG REIMER · KARL J. TRÜBNER · VEIT & COMP.

Printed in Germany

Druck von Walter de Gruyter Co., Berlin W 35

Archiv Nr. 345843

Im Mai des Jahres 1942 waren es 100 Jahre, seit jene berühmtgewordene Arbeit von Robert Julius Mayer erschien, welche die Physik als die historische Grundlage der Lehre von der Energie betrachtet. Von ihrem Grundgesetz, dem Satz der Erhaltung der Energie, soll hier die Rede sein; insbesondere möchte ich meinen Hörern ein wenig nahe bringen, was dieser 100jährige Satz in der neuen und neuesten Physik leistet.

I. Erhaltungssätze kennt die Physik mancherlei. Am geläufigsten ist uns der Satz der Erhaltung der Masse. Wie wir mit einem Kilogramm Eisen auch umgehen mögen, ob wir es zu den tiefsten erreichbaren Temperaturen abkühlen, zu den höchsten erhitzen, ob wir es schmelzen oder verdampfen, in welche Form wir es gießen oder schmieden, es bleibt, wenn wir Verluste von Materie verhüten, ein Kilogramm. Und wenn wir 2 g Wasserstoff mit 16 g Sauerstoff zu Wasser vereinen, so erhalten wir 18 g Wasser. Dieses Gesetz hat man im 19. Jahrhundert gerade an chemischen Reaktionen oft geprüft und es mit der vollen Genauigkeit bestätigt gefunden, deren die besten Messungen mit der Waage fähig sind. Daß die neue Physik es trotzdem nicht als streng gültig anerkennt, davon reden wir später.

Ein anderes Erhaltungsgesetz sagt die Unveränderlichkeit der elektrischen Ladung aus; und an ihm zweifelt auch die heutige Physik nicht. Freilich muß man den Unterschied gegen den Massenerhaltungssatz bedenken, daß es nur positive Massen, aber sowohl positive wie negative Ladungen gibt. Gleichgroße positive und negative Ladungen können sich gegenseitig aufheben. Man muß eben, wenn man die Ladungen addiert, ihre Vorzeichen berücksichtigen.

Weitere Erhaltungssätze liefert uns die Lehre von der Bewegung der Körper, die von Isaak Newton mathematisch geformte Mechanik. Sie behauptet z. B. die Erhaltung des Impulses, der sich für jeden einzelnen Körper als Produkt seiner Masse und seiner Geschwindigkeit berechnet, für ein System mehrerer Körper als die Summe der einzelnen Impulse. Mögen diese Körper sich elektrisch oder magnetisch beeinflussen, mögen sie Schwerewirkung oder andere Kräfte aufeinander ausüben, der Impuls ihrer Gesamtheit, sofern diese nicht noch Kraftwirkungen von außen erfährt, bleibt unverändert.

Und die Mechanik lehrte auch lange vor Robert Mayer die Erhaltung der mechanischen Energie, die sich zusammensetzt aus der Bewegungs- oder kinetischen Energie, und einer Energie der Lage, potentielle Energie genannt. Die kinetische Energie ist für einen Körper das halbe Produkt aus Masse und dem Quadrat der Geschwindigkeit; potentielle Energie besitzt z. B. ein Stein, dem sich die Möglichkeit bietet, aus einiger Höhe herab zu fallen. Führt er diese Bewegung aus, so verliert er seine potentielle Energie, gewinnt aber dafür kinetische Energie, und zwar genau so viel, als er an potentieller verliert. Die Einheit der mechanischen Energie ist das Erg. Ein Gramm einen Zentimeter zu heben, erfordert rund 1000 erg Energie.

Nun war schon lange bekannt, daß man Bewegungsenergie durch Reibung vernichten kann, und daß dabei Wärme entsteht. Es gibt noch viele andere Vorgänge, welche dasselbe bewirken. Robert Mayers Leistung bestand in der klaren Erkenntnis, daß diese Wärme, in Kalorien gemessen, stets proportional zu der Energie ist, aus der sie sich entwickelt unabhängig von der Art und Weise der Umwandlung. Den Umrechnungsfaktor von Erg auf Kalorien, das mechanische Wärme-Äquivalent, lehrte schon Mayer selbst aus Messungen herzuleiten. Daß die ihm zugänglichen Meßergebnisse keine genaue numerische Bestimmung ermöglichten, schmälert sein Verdienst in keiner Weise. Man kann nun aber auch auf Grund seiner Erkenntnis die Wärme direkt in Erg messen und dann die mechanische Energie und die aus ihr erzeugte Wärme gleich setzen.

II. Wir können mechanische Energie noch in andere Formen umsetzen. Die Dynamomaschine erzeugt aus ihr elektrische Energie, der Elektromotor setzt umgekehrt elektrische in mechanische Energie um. Das Problem, elektrische Energie aus rein elektrischen Daten auszurechnen, wie es doch notwendig ist, will man den Erhaltungssatz für solche Umwandlungen aussprechen, hat Hermann v. Helmholtz 1847 in einer klassischen, alle bekannten Formen der Energie in Betracht ziehenden Abhandlung gelöst. Seine Veröffentlichung, welche im Gegensatz zu der von Robert Mayer als sie einmal gedruckt vorlag, sehr bald wegen ihrer streng mathematischen Klarheit volle Anerkennung fand, wurde der Ausgangspunkt für alle Weiterentwicklung der Lehre von der Energie. Erst seitdem können wir im Einzelnen begründen, daß in einem nach außen abgeschlossenen System die Gesamtenergie einen unveränderlichen Betrag hat, welche physikalischen Vorgänge in ihm auch stattfinden. Das perpetuum mobile, um dessen Erfindung sich viele Jahrhunderte hindurch nicht nur Charlatane, sondern auch mancher Mann von Charakter und Geist vergeblich bemüht hatten, ist damit als unmöglich hingestellt; es sollte ja in solchem abgeschlossenen System die Energie vermehren. Und gerade diese vielen ergebnislosen Bemühungen sind nun ein schwerwiegender Beweis für die universelle Gültigkeit des Satzes von der Erhaltung der Energie.

Der so geschaffene Begriff der Energie ist heute Allgemeingut. Bei jeder Art von Maschinen, bei jeder Glühlampe, jeder Antennenkonstruktion und vielem Anderem ist von entscheidender Bedeutung die Energiebilanz, d. h. die Frage, wieviel der hineingesteckten Energie in der gewünschten Form wieder herauskommt, und welcher Bruchteil sich in eine nicht gewünschte Form verwandelt. Dem Elektrizitätswerk bezahlen wir die in Kilowattstunden (gleich $3{,}6 \cdot 10^{13}$ erg) gemessene elektrische Energie, die wir von ihm bezogen haben. In die Jurisprudenz ist der Begriff eingedrungen, denn der unbefugte Bezug elektrischer Energie wird strafrechtlich verfolgt. So hat dieser physikalische Begriff auch für das wirtschaftliche Leben hohe Bedeutung gewonnen, und damit für die Politik; wir wissen ja alle, welche Rolle im gegenwärtigen Kriege der Besitz von Energiequellen spielt.

III. Doch nicht davon soll hier die Rede sein, sondern von der Fortentwicklung der Energielehre in der Physik. Wärme war als Abart der Energie erkannt; es entstand die Frage, ob und wie sie sich in mechanische Energie zurückverwandeln läßt. Daß Derartiges möglich ist, zeigt im größten Maßstabe die Dampfmaschine, welche ihre mechanische Leistung aus der dem Dampfkessel zugeführten Wärme entnimmt. Aber man kann diese Verwandlung nicht quantitativ vollziehen. Setzt man Wärme in Arbeit um, so geht notwendig gleichzeitig eine ihr proportionale Wärmemenge von höherer zu tieferer Temperatur über und ist damit für die Umsetzung in Arbeit verloren. Denn will man sie nachträglich wieder auf die hohe Temperatur bringen, so muß man dazu mechanische Arbeit in Wärme umsetzen, genau jenen Betrag, den man zunächst gewann. Je größer die verfügbare Temperaturdifferenz, um so höher ist der nutzbar zu machende Teil. Deswegen streben die Maschinenbauer die Temperatur des Dampfkessels immer höher zu steigern. Kommt man dabei, sagen wir, auf 200° Celsius, so kann man von der aufgewandten Wärme im besten Fall $^2/_5$ in Arbeit umsetzen. Die übrigen $^3/_5$ aber gehen naturnotwendig ungenutzt auf die Temperatur der Umgebung über. Das dafür in Betracht kommende Gesetz in seiner allgemeinen, endgültigen Fassung verdankt man Rudolf Clausius, der es 1852 aussprach; man nennt es den zweiten Hauptsatz der Thermodynamik, indem man als ersten Hauptsatz das Energieprinzip bezeichnet. Zu diesen beiden Sätzen trat später, nämlich 1906, noch ein dritter, von Walther Nernst entdeckter Hauptsatz hinzu. Auf ihnen erhebt sich das stolze, mathematisch wunderbar durchgebildete Gebäude der klassischen Thermodynamik mit seinen in alle physikalischen Disziplinen eingreifenden Anwendungen. Diese machen vor den Toren der Chemie nicht Halt; im Gegenteil, was wir von chemischen Gleichgewichten wissen, verstehen wir nur unter thermodynamischen Gesichtspunkten. Es entstand so zwischen 1880 und 1890 eine ganze neue Wissenschaft, die physikalische Chemie, der Männer wie Svante Arrhenius, Jacobus Henricus van't Hoff und Walther Nernst ihre Lebensarbeit widmeten. Und wenn wir heute im Haber-Bosch-Verfahren den Stickstoff der Luft in chemische Verbindung zwingen, oder im Bergius-Verfahren Benzin aus Kohle herstellen, so sollten wir nicht vergessen, das Niemand solche großartigen technischen Methoden hätte ersinnen können ohne die der Wissenschaft entstammende Lehre von der Energie und ihren Umwandlungen.

Diese umfassenden Anwendungen und die dabei erzielten unbestreitbaren Erfolge sichern das Vertrauen zum Energie-Erhaltungssatz noch weiter. Man hat sich geradezu bei jeder neuen Theorie gewöhnt, zunächst nach ihrer Verträglichkeit mit diesem Prinzip zu fragen. Dieses Verfahren hat man auch auf die moderne Atomphysik übertragen, und ich möchte meinen Zuhörern darlegen, mit welchem Erfolg. Dazu aber müssen wir uns zunächst etwas mit den experimentellen Hilfsmitteln der Atomphysik bekannt machen.

IV. Zuerst besprechen wir da die W i l s o n s c h e N e b e l k a m m e r (Fig. 1)[1]). Der mit Luft oder einem anderen Füll-Gase und außerdem mit gesättigtem Wasserdampf gefüllte Raum A ist nach unten durch einen beweglichen Kolben abgeschlossen, unter ihm befindet sich Luft desselben Drucks wie oben. Aber die Kugel C ist luftleer. Stößt man nun das Ventil B auf, so strömt plötzlich Luft in C ein, ihr Druck unterhalb des Kolbens sinkt, der Kolben fährt mit einem Ruck nach unten.

[1]) Die Figuren 1 bis 12, ferner 14, sowie 18 bis 20 wurden mit freundlicher Erlaubnis der Verfasser entnommen aus dem Atlas typischer Nebelkammerbilder von W. Gentner, H. Maier-Leibnitz und W. Bothe (Berlin 1940).

Luft und Dampf in A dehnen sich aus, kühlen sich dabei ab, so daß der Dampf übersättigt wird und sich als Flüssigkeit niederzuschlagen sucht. Dazu aber gibt man ihm Gelegenheit, indem man unmittelbar nach der Expansion Ionen in der Luft erzeugt. Jedes Ion wird nämlich zum Kondensationskern, es bildet sich an ihm ein Nebeltröpfchen und die Tröpfchen kann man dann bei Beleuchtung mit einem Lichtblitz nach Wahl mit dem Auge beobachten oder auch photographieren. Die Ionisierung aber erzielt man, indem man im geeigneten Augenblick ein elektrisch geladenes Korpuskel in den Raum A hineinschießt. Dann liegen die Ionen längs seiner Bahn und zeigen, wenn man sie in der genannten Art sichtbar macht, welchen Weg das Korpuskel genommen hat. Die Nebelkammer ermöglicht also, die Spuren einzelner Atome oder Molekeln zu sehen, was keins der älteren Hilfsmittel der Physik vermochte. Darauf beruht der große Fortschritt, den C. T. R. Wilson 1912 brachte.

Damit ein Korpuskel ionisiert, muß es elektrische Ladung tragen. Nun sind alle Atomkerne positiv geladen, man kann folglich z. B. die Heliumatomkerne sichtbar machen, welche als sog. Alphateilchen bei vielen radioaktiven Prozessen entstehen. Fig. 2 zeigt die Bahnen zweier Alphateilchen. Sie sind im Wesentlichen geradlinig; von den Knicken sprechen wir später. Sie kommen von unten und endigen in der Kammer, weil die fortgesetzte Ionenbildung ihnen kinetische Energie entzieht, sie allmählich abbremst, bis sie zur weiteren Ionisierung nicht mehr befähigt sind. Die Länge der Bahn wird so ein Maß für die Energie, mit der das Teilchen in die Wilsonkammer eintrat; darauf beruht eine Methode der Energiebestimmung, welche auch für andere Teilchen anwendbar und für die Deutung von Kernprozessen, wie wir sie nachher besprechen wollen, äußerst wichtig ist.

Diese Abbremsung können wir an Fig. 3 näher studieren. Die von links kommenden Alphateilchen verlaufen hier in einem Magnetfeld; man hat nämlich die ganze Wilsonkammer zwischen die Pole eines mächtigen Magneten gebracht. Das Feld lenkt alle elektrisch geladenen Teilchen ab, um so mehr, je langsamer sie sind. So sind hier die Bahnen gekrümmt und die Krümmung nimmt wegen der Abnahme der Geschwindigkeit von links nach rechts allmählich zu.

Ganz anders sehen Elektronenbahnen aus (Fig. 4). Zwar sind sie bei hoher Energie auch im Wesentlichen gerade, wie die von unten nach oben führende Spur eines von außen in die Kammer eindringenden Elektrons zeigt. Aber die Ionen liegen auf ihr im Gegensatz zu den Alphateilchenbahnen so wenig dicht, daß man sie einzeln neben einander sieht und die Spur den Eindruck einer punktierten Geraden macht. Und die Bahnen der anderen, energieärmeren Elektronen sind hier ganz unregelmäßig gekrümmt infolge ihrer starken Streuung an den Luftmolekeln. So kann das Auge des erfahrenen Experimentators sogleich aus dem Anblick einer Wilsonaufnahme auf die Art der Teilchen schließen, welche ihre Spuren hinterlassen haben. Diese langsamen Elektronen verdanken ihre Energie einer Röntgenstrahlung, der man das Gas in der Kammer aussetzt. Röntgenstrahlen an sich bleiben in ihr unsichtbar, nur die von ihnen aus den Atomen losgelösten Elektronen verraten im Wilsonbilde ihre Anwesenheit. Von dieser Auslösung werden wir später noch zu reden haben.

In Figur 5 sehen Sie Elektronenspuren im Magnetfeld. Die Geschwindigkeit ist hier so erheblich, daß die Bahnen ohne das Feld so gut wie gerade wären. In der Bildhälfte b haben sie infolge ihrer einheitlichen Geschwindigkeit alle die gleiche Krümmung erhalten. Ihre Reichweite ist wegen der hohen Energie so groß, daß die Bahnen nicht mehr in der Kammer endigen.

V. Die Streuung dieser Teilchen gibt uns nun die erste Gelegenheit, den Energiesatz anzuwenden. Denn sie beruht auf dem Stoß des bewegten Korpuskels gegen die Atome des Gases, welches die Wilsonkammer füllt; es streuen im Allgemeinen sowohl die Atomkerne als auch die in den Atomen vorhandenen Elektronen. Und der Energiesatz und der mit ihm bei solchen Vorgängen eng verbundene Impulserhaltungssatz verlangen, daß Energie und Gesamtimpuls der beiden beteiligten Partikeln nach dem Stoß genau so groß sind wie zuvor. Es ist das nicht anders wie beim Stoß zweier Billardbälle (ohne „Effet", wie ich für Billardspieler hinzusetzen muß) nur daß die Massen der beiden Stoßpartner im Allgemeinen verschieden groß sind. Daß die Folgerungen aus den beiden Erhaltungssätzen auch quantitativ zutreffen, hat um 1925 vor Allem P.M.S. Blackett an Wilsonaufnahmen bestätigt. Freilich eignen sich dazu nicht Aufnahmen wie Fig. 4, bei denen eine Unzahl kleiner Stoßablenkungen jene unregelmäßige Bahnkrümmungen hervorruft. Aber man kann auch Einzelstöße beobachten. Schon Fig. 2 zeigt solche; besonders in ihrer rechten Hälfte (b) sind zwei Ablenkungen des Alphastrahls durch Einzelstöße gegen Atomkerne zu sehen. Der getroffene Kern erhält bei dem Stoß weiter oben eine solche Geschwindigkeit, daß er selbst ionisierend davon fliegt und dabei jene kurze Spur hinterläßt, welche einem Spornansatz an der Bahn des Alphateilchens gleicht. Auch Fig. 6 und 7 zeigen solche Einzelprozesse, bei denen der getroffene Kern selbst eine sichtbare Spur erzeugt. Die verschiedenen in ihnen dargestellten Stöße unterscheiden sich durch die Masse des getroffenen Atomkerns.

Während nun die Alphateilchen bei Stößen gegen die mehrere tausend Mal leichteren Elektronen keine merkbare Ablenkung erfahren, werden Betateilchen, die ja selbst Elektronen sind, schon an diesen unter Umständen ganz wesentlich aus ihrer Richtung gebracht. Das zeigt Fig. 8, in welcher man von jeder Stoßstelle zwei Bahnen ausgehen sieht, die eine dem stoßenden, die andere dem gestoßenen Elektron zugehörig. Im Teil c dieser Figur, welcher im Magnetfeld aufgenommen ist, sieht man an der stärkeren Krümmung der beiden abgezweigten Bahnen, daß die Geschwindigkeiten nach dem Stoß wesentlich kleiner sind als die des stoßenden Elektrons vor dem Stoß, wie es ja der Energiesatz verlangt.

VI. Bei dieser Anwendung des Energie- und des Impulssatzes unterscheidet sich die heutige Quantentheorie der Atome nicht von der klassischen Mechanik, wie Newton sie lehrte. Aber die Quantentheorie faßt auch Röntgen- und Gammastrahlung korpuskular auf und schreibt dem Strahlungsquant eine bestimmte, durch die Schwingungszahl und Planck's elementares Wirkungsquantum bestimmte Energie zu, desgleichen einen Impuls. Deswegen kann sie auch von dem Stoß zwischen einem Strahlungsquant und einem Elektron sprechen. Den aber beherrscht die Theorie wiederum mittels des Energie- und des Impulssatzes. Das getroffene Elektron fliegt ganz, als wäre es von einem materiellen Korpuskel getroffen, mit einem Teil der Energie des Quants davon und läßt sich so in der Wilsonkammer sichtbar machen. Welchen Teil der Energie es bekommt, hängt von der Art des Stoßes ab. Das Quant selbst bleibt unsichtbar, weil mit ihm keine elektrische Ladung verbunden ist; aber man weiß aus anderen Erfahrungen, daß es mit verminderter Energie in veränderter Richtung weiterfliegt. Man nennt diesen Streuprozeß nach seinem Entdecker A. H. Compton die Comptonstreuung der Strahlung. (Aufgefunden 1922.)

In Fig. 9 sieht man eine Reihe solcher Compton-Elektronen mit ihren kurzen, dicken Spuren. Unten zeigt eine solche Bahn noch Verzweigung, wie in Fig. 8. Daneben aber erkennt man einige viel längere und schwächer mit Ionen besetzte Bahnen, diese rühren schon nach dem Augenschein von wesentlich schnelleren Elektronen her.

Die Röntgenstrahlung erfährt nämlich beim Durchgang durch die Materie neben der Streuung noch Absorption, welche in einem Elementarakt jedesmal ein Strahlungsquant ganz vernichtet. Dabei wird aus dem Atomverband ein Elektron hinausgeschleudert; es empfängt die ganze Energie des Quants als Bewegungs-Energie, mit Ausnahme eines Teils, der für die Ablösung des Elektrons von dem Atom verbraucht wird, und somit in potentielle Energie übergeht. Diese Elektronen haben einheitliche und erheblich größere Geschwindigkeit, als die Comptonelektronen. Von ihnen rühren die langen Spuren in Fig. 9 her. Auch bei diesem Vorgang, den Photo-Effekt, bewährt sich der Energiesatz quantitativ mit größter Genauigkeit.

Fig. 10 zeigt Ihnen nochmals ein Comptonelektron, aber von einer von unten kommenden, sehr harten Gammastrahlung ausgelöst aus einem Streifen Blei, den man in die Wilsonkammer gebracht hat. Daß es sich hier nicht um einen Absorptionsakt handelt, folgt mit großer Wahrscheinlichkeit aus der Erfahrung, daß bei solcher Strahlung der Comptonprozeß der sehr viel häufigere ist. Auch kann man es an der Stärke der Bahnkrümmung und der daraus zu ermittelnden Energie des Elektrons bestätigen. Ist diese kleiner als die um die Ablösungsarbeit verminderte Energie des Quants, so liegt sicher kein Photoeffekt vor.

VII. Doch verlassen wir jetzt die Stoßvorgänge und wenden wir uns anderen Atomprozessen zu, deren Deutung der Energiesatz an die Hand gibt. Wie Sie wissen, zerfallen die natürlich radioaktiven Elemente entweder unter Aussendung eines Alpha- oder eines Beta-Teilchens, man unterscheidet danach Alpha- und Betastrahler. So führt z. B. ein Betazerfall vom Radium-C zum Radium-C′, das seinerseits in Zeiten von 10^{-4} Sekunden unter Emission eines Alphateilchens in Radium-D übergeht. Diesen Alphazerfall wollen wir einmal energetisch betrachten. Wenn alle Radium-C′-Atome im gleichen Zustand sind, ebenso alle neu entstehenden Radium-D-Atome, so muß zwischen dem zerfallenden und dem neu entstehenden Atom ein bestimmter Energie-Unterschied bestehen, und dieser muß mit der kinetischen Energie des entsandten Alphateilchens übereinstimmen. Alle Alphateilchen müssen folglich die gleiche Energie und in der Wilsonkammer die gleiche Reichweite haben. Und dies zeigt in der Tat Fig. 11, bei welcher Radium-C und das daraus entstehende C′ sich unten auf einem Metallstreifen befinden; die Reichweite dieser Strahlen beträgt in

Luft von Athmosphärendruck 6,9 cm. Die geringen Unterschiede in den Bahnlängen, welche noch da sind, beruhen auf den Zufälligkeiten, denen ein bewegtes Korpuskel bei den Begegnungen mit den Gasmolekeln ausgesetzt ist, und haben für unsere Betrachtung keine Bedeutung.

Aber aus dem Haufen der gleich langen Strahlen ragt einer als wesentlich länger hervor. Unsere Voraussetzung, daß alle zum Zerfall kommenden Radium-C'-Atome im gleichen Zustande sind, ist nämlich nicht ganz richtig; ein kleiner Prozentsatz unter ihnen entsteht aus einem Radium-C-Atom als angeregter Atomkern höherer Energie. Meist zwar gehen angeregte Atomkerne unter Entsendung von Gamma-Strahlung rasch in den normalen Grundzustand über. Aber da der Alphazerfall so bald auf die Entstehung des Radium-C'-Atoms folgt, kann es vorkommen, daß er von einem noch angeregten C'-Atom ausgeht. Daß dessen Energie über der des Grundzustandes liegt, zeigt sich dann an der höheren Energie und der größeren Reichweite des entsandten Alphateilchens.

Wie steht es nun beim Beta-Zerfall? Dieselbe Überlegung ließe gleiche Energie und Reichweite für alle bei der gleichen Atomumwandlung entstehenden Betateilchen erwarten. Aber Fig. 5 belehrt uns in ihrer linken Hälfte (a) eines anderen. Hier geht Radium-E in Polonium über, und die Betastrahlen haben alle möglichen Energien bis zu einem gewissen oberen Grenzwert, zeigen deswegen bei dieser im Magnetfeld gemachten Aufnahme sehr verschiedene Bahnkrümmungen. Man muß wohl die höchste vorkommende Energie als den Energieunterschied zwischen einem Radium-E- und einem Polonium-Atomkern betrachten. Wo aber bleibt der fehlende Teil dieser Energie, wenn das entsandte Elektron nicht jenen Höchstbetrag mitführt? Eine abschließende Antwort vermag die Wissenschaft heute nicht darauf zu erteilen. Namhafte Physiker nehmen an, daß gleichzeitig mit dem Elektron noch ein weiteres Elementarteilchen, das sogenannte Neutrino entsandt wird, und daß die Rest-Energie auf diesem sitzt. Dieses Neutrino darf nicht geladen sein, sonst müßte man es in der Wilsonkammer entdecken können. Seine Masse darf nicht wesentlich größer sein als die des Elektrons, weil man sonst einen Massenunterschied zwischen dem zerfallenden und dem neuentstehenden Atom bemerken müßte. Aber dies ist auch so ziemlich Alles, was sich über das Neutrino aussagen läßt. Einen wirklichen Beweis seiner Existenz besitzen wir nicht. Hier also liegt ein Fall vor, bei welchem die Anwendung des Energiesatzes auf Schwierigkeiten führt. Es ist aber auch der einzige Fall, und nach allgemeiner Ansicht wird auch er sich über kurz oder lang aufklären.

VIII. Beim Zusammenprall zweier Atom-Kerne kann aber noch Anderes entstehen als die vorhin besprochene Energieübertragung vom einen zum anderen. In der Wilsonaufnahme von Fig. 12 sehen Sie den Durchgang von Alphateilchen zweier verschiedenen Reichweiten durch Stickstoff. Eins der energiereicheren Teilchen erleidet einen Stoß an einem Stickstoffatomkern; von der Stoßstelle geht außer einer kurzen auch eine sehr lange Bahn aus, welche sich durch ihre Feinheit merklich von den Spuren der Alphateilchen unterscheidet. Hier ist eine Kernumwandlung eingetreten. Der stoßende Helium- und der gestoßene Stickstoffatomkern haben sich in einen Wasserstoff- und einen Sauerstoffkern umgewandelt; die lange Bahn hat der Wasserstoff-, die kurze der Sauerstoffkern zurückgelegt. Die Energie, die sich in der Bewegung dieser neuen Kerne äußert, ist weit größer, als die des stoßenden Alphateilchens. Sie stammt überwiegend aus der Umwandlung der Atomkerne, die wie so manche normale chemische Reaktion mit einer gewissen Energieabgabe verbunden ist. Es ist dies die erste Kernreaktion, also die erste Umsetzung zweier chemischer Elemente in andere, die bekannt wurde. Lord Rutherford entdeckte sie 1919 und P. M. S. Blackett nahm sie später in der Wilsonkammer auf. Heute kennen wir viele Kernreaktionen. Fig. 13[1]) mag Ihnen z. B. zeigen, wie beim Aufprall eines Wasserstoff-Kerns, eines sogenannten Protons, auf einen Lithium-Kern zwei Heliumkerne, also

[1]) F. Kirchner, Erg. d. exact. Naturwissenschaften 13, 54, 1934. Fig. 12.

Alphateilchen, entstehen. Das Lithium befindet sich in Pulverform am oberen Rande des Bildes; die Protonen gelangen von außerhalb der Kammer dorthin. Die große dabei frei werdende Energie verleiht den Alphateilchen große Geschwindigkeit und damit Impulse, welche den Impuls des stoßenden Wasserstoffkerns weit übersteigen. Nach dem Satz von der Erhaltung des Impulses müssen die Heliumkerne daher in entgegengesetzten Richtungen auseinander fahren. Und das zeigt die Aufnahme.

Bei Fig. 14 sind zwei Uranbleche im Innern der Wilsonkammer dem Bombardement von Neutronen ausgesetzt. Neutronen sind die 1933 von Chadwick entdeckten, ungeladenen, aber im Gegensatz zum Neutrino mit voller Sicherheit nachweisbaren Elementarteilchen von Protonenmasse. Sie selbst bleiben zwar wegen des Fehlens einer Ladung unsichtbar. Aber man sieht, daß unter ihrer Einwirkung von dem Uranblech zwei Teilchen in entgegengesetzter Richtung ausgehen, die an Masse die Atomkerne des Füllgases weit übertreffen müssen. Denn die Abzweigungen von ihren Bahnen können nur von Stößen herrühren. Und daß diese die stoßenden Teilchen nicht merklich ablenken, beweist nach den auf Energie- und Impulssatz beruhenden Stoßgesetzen einen großen Massenunterschied zwischen den Stoßpartnern. Der Vorgang, den uns dieses Bild enthüllt, ist die 1938 von O. Hahn und F. Straßmann entdeckte Spaltung des Uran-Kerns in zwei ungefähr gleich schwere Atomkerne. Da Uran als schwerstes der bekannten Elemente ein Atomgewicht weit über 200 hat, liegen die Atomgewichte der hier sichtbaren Trümmer immer noch erheblich über 100, sind also in der Tat viel schwerer als die Kerne des Füllgases, deren Gewichte, wenn es sich um Luft handelt, in der Nähe von 15 zu suchen sind. Die hohe Energie der Trümmer stammt wieder aus der bei dieser Kern-Spaltung frei werdenden Energie.

IX. Diese Kernumwandlungen eröffnen nun ein ganz neues Anwendungsgebiet des Energie-Satzes. Seit 1906 weiß man als Folgerung aus der Relativitätstheorie, daß ein Körper, dessen

Energie man ändert, auch an seiner trägen Masse eine Änderung erfährt. Man hat die in Erg gemessene Energie durch das Quadrat der Lichtgeschwindigkeit zu dividieren, um den Massenzuwachs in Gramm zu berechnen. Dies ist das Gesetz der „Trägheit der Energie". Nur, weil die Lichtgeschwindigkeit so sehr groß ist, nämlich 30 Milliarden Zentimeter pro Sekunde beträgt, ist diese Massenänderung so gering, daß sie sich bei den früher bekannten physikalischen und chemischen Vorgängen der Beobachtung entzog. Bei der Verbrennung von 2 g Wasserstoff mit 16 g Sauerstoff zu 18 g Wasser, einer bekanntlich recht kräftigen Reaktion, gibt das Reaktionsgemisch rund 68000 Grammkalorien ab, verliert an Masse nach jener relativistischen Formel aber nur ein paar Milliardstel Gramm, die keine Wägung mehr nachweist. Bei den Kernreaktionen ist jedoch die Energie-Abgabe im Verhältnis zu den umgesetzten Massen viel größer, sodaß der Nachweis eines damit zusammenhängenden Massenschwundes gelingt.

X. Hier müssen wir nun eines weiteren experimentellen Hilfsmittels der Kernphysik gedenken, nämlich des Massenspektrographen. Fig. 15[1]) zeigt ihn in der Ausführung von J. Mattauch und R. Herzog. Ein Strahl elektrisch geladener Partikeln tritt durch den Spalt S in das elektrische Feld eines cylindrischen Kondensators, erfährt dort Ablenkung in Richtung auf die Blende B und kommt danach in ein zur Ebene der Figur senkrechtes Magnetfeld, welches ihn wiederum ablenkt. Diese Doppelablenkung ermöglicht die Fokussierung der Strahlen; die unvermeidlichen kleinen Unterschiede in der Richtung und in der Geschwindigkeit haben bei geeigneter Dimensionierung und passender Wahl der elektrischen und der magnetischen Feldstärke keinen Einfluß auf den Ort, an welchem sich die Partikeln sammeln, sondern nur das Verhältnis Masse zu Ladung. Auch die Schrägstellung der photographischen Auffangplatte dient dieser Fokussierung.

[1]) Die Figuren 15—17 verdankt der Verfasser der Freundlichkeit von Prof. J. Mattauch aus dem Kaiser-Wilhelm-Institut für Chemie.

Fig. 16 zeigt unten ein solches Massenspektrogramm, oben dessen Photometerkurve. Man hat Molybdän-Ionen in den Spektrographen geschickt und erhält nun eine ganze Reihe von Linien. Denn das chemische Element Molybdän besteht nicht aus Atomen einer und derselben Masse, sondern hat eine große Zahl von „Isotopen", die sich zwar alle chemisch gleichartig verhalten, aber in den Atomgewichten von 91 bis 101 variieren. 7 davon zeigt die Aufnahme, die Stärke jeder Linie entspricht der Häufigkeit des Isotops. Sie entnehmen ferner aus dem Spektrogramm, daß die Atomgewichte aller Isotope recht genau ganzzahlig sind. Wenn die Chemiker als Atomgewicht des Molybdäns 95,95 angeben, so liegt dies nur daran, daß sie mit dem Gemisch aller Isotopen arbeiten und daher nur einen Mittelwert aus allen Atomgewichten messen. Bei anderen Elementen weicht das chemische Atomgewicht aus demselben Grunde noch weiter von der Ganzzahligkeit ab. Beim Samarium z. B. beträgt es 150,43. Die Atomgewichte der Isotopen aber liegen viel näher an ganzen Zahlen und variieren hier von 144 bis 154.

Sobald man freilich Spektrogramme mit größerem Auflösungsvermögen herstellt, erweist sich auch die Ganzzahligkeit der Isotopen-Atomgewichte als ungenau. Man unterscheidet deshalb die dem Atomgewicht nächstbenachbarte ganze Zahl als M a s s e n z a h l vom Atomgewicht selbst. So erklärt sich in Fig. 16 die Bezeichnung über der Skala. Ein solches Spektrogramm mit rund 100mal größerer Auflösung zeigt Fig. 17, welches in der Gegend der Massenzahl 20 aufgenommen ist. Man findet hier, wie zu erwarten, das Neonisotop der Massenzahl 20 als einfach geladenes positives Ion. Da es nur auf das Verhältnis von Masse zu Ladung ankommt, muß sich auch das zweifach geladene Argon-Isotop der Massenzahl 40 finden. Dem ist auch so, aber die beiden Linien sind deutlich getrennt, während sie doch zusammenfallen müßten, wären beide Atomgewichte genau ganze Zahlen. Und dann sind noch eine Reihe von geladenen Molekeln vertreten, die alle genau dasselbe Molekular-

TAFEL 1

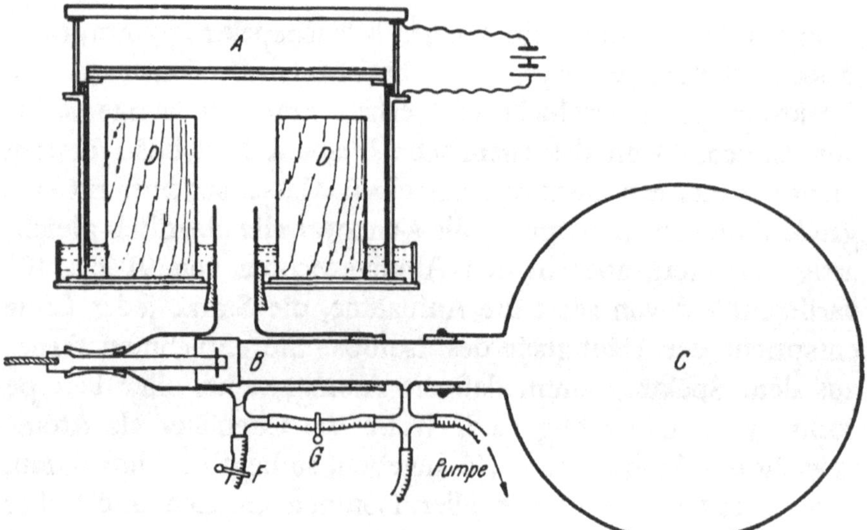

Fig. 1. Schema einer Wilsonschen Nebelkammer

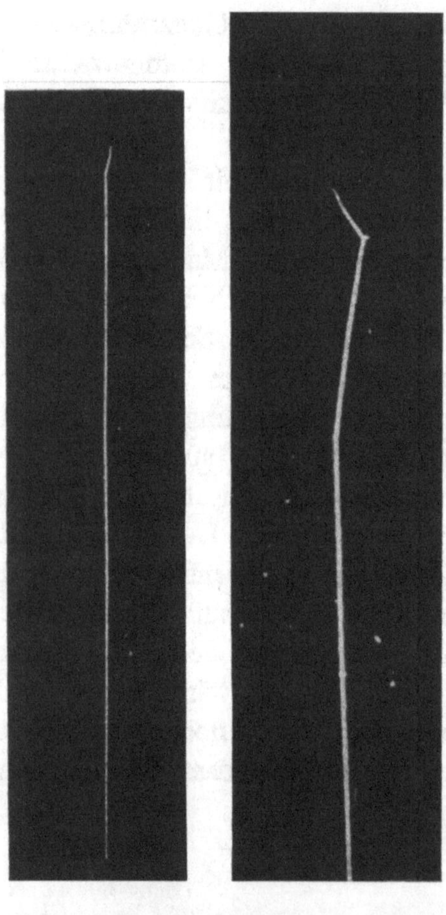

a b

Fig. 2.
Wilsonaufnahmen von Alphateilchen

TAFEL 2

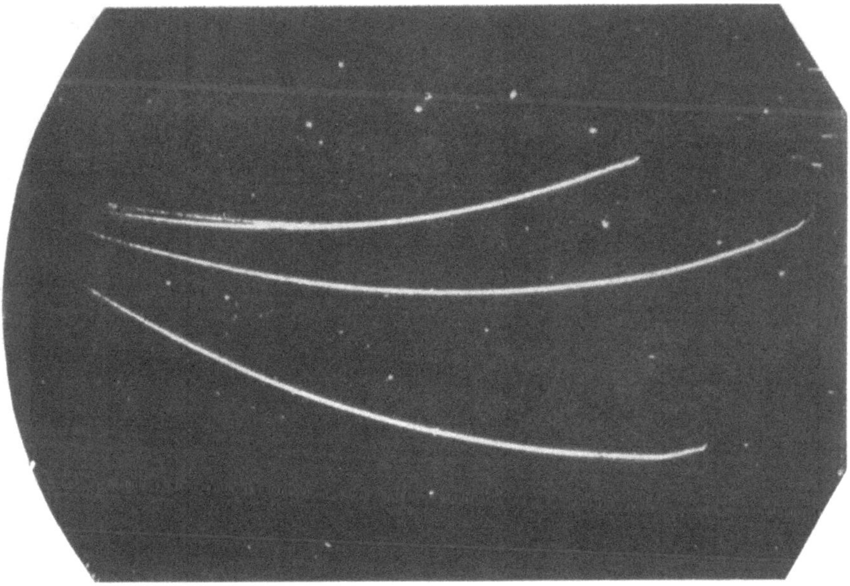

Fig. 3. Bahnen von Alphateilchen im Magnetfeld

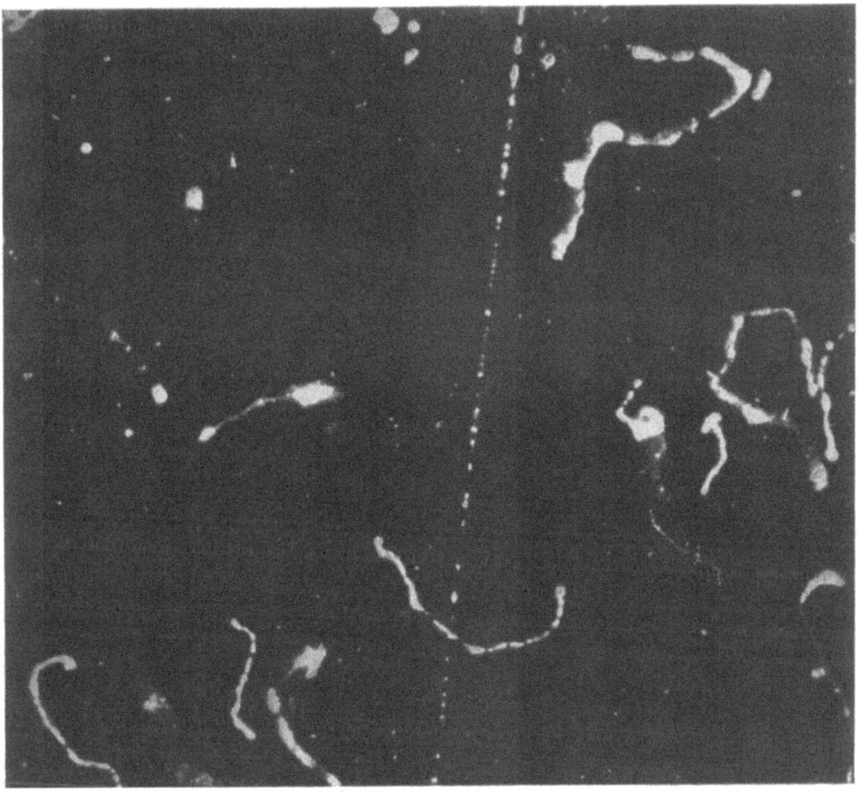

Fig. 4. Bahnen von Elektronen

TAFEL 3

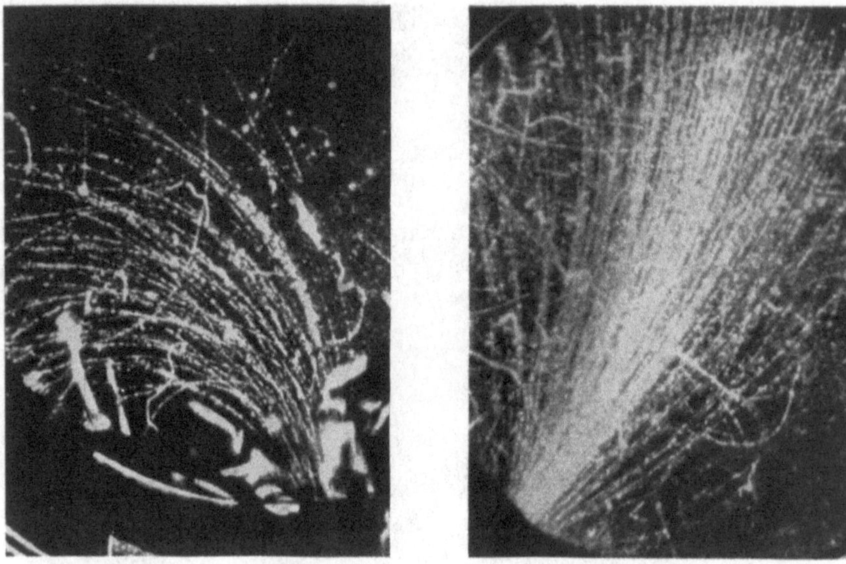

a b

Fig. 5. Bahnen von Elektronen im Magnetfeld

a b

Fig. 6.
Stoß von Alphateilchen *a* gegen einen Wasserstoff-, *b* gegen einen Heliumkern

TAFEL 4

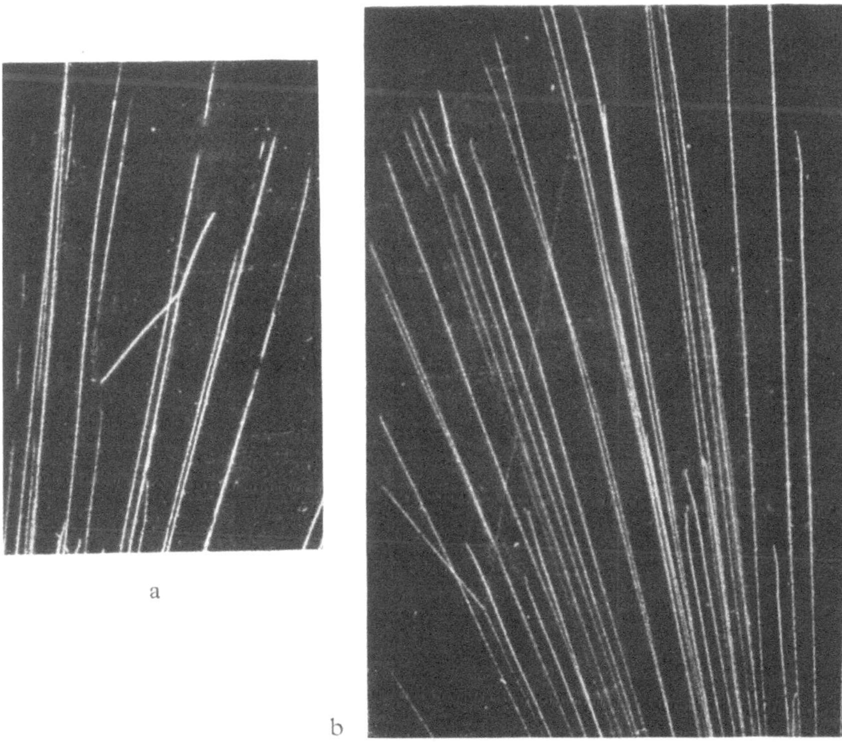

a b

Fig. 7. Stoß von Alphateilchen *a* gegen einen Stickstoff-, *b* gegen einen Wasserstoffkern

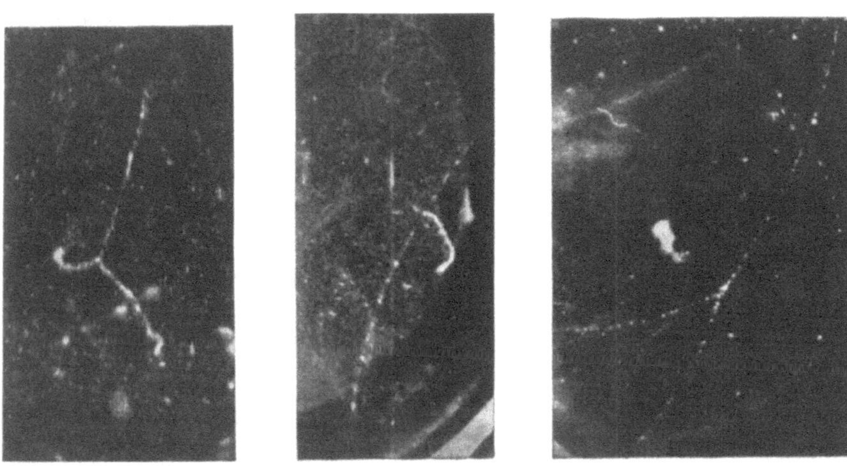

a b c

Fig. 8. Zusammenstöße von Elektronen

Fig. 9. Compton- und Photo-Elektronen, ausgelöst von harter Röntgenstrahlung in Luft

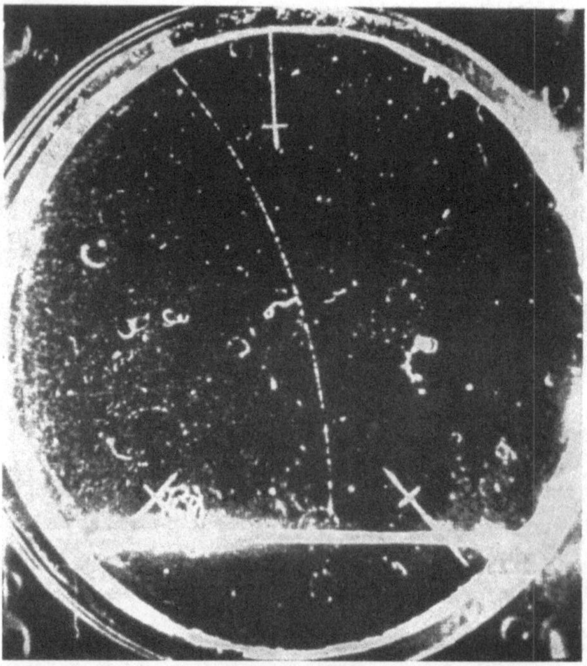

Fig. 10.
Ein von harter Gammastrahlung in Blei ausgelöstes Compton-Elektron

TAFEL 6

Fig. 11. Der Alphazerfall von Ra-C′ in Ra-D

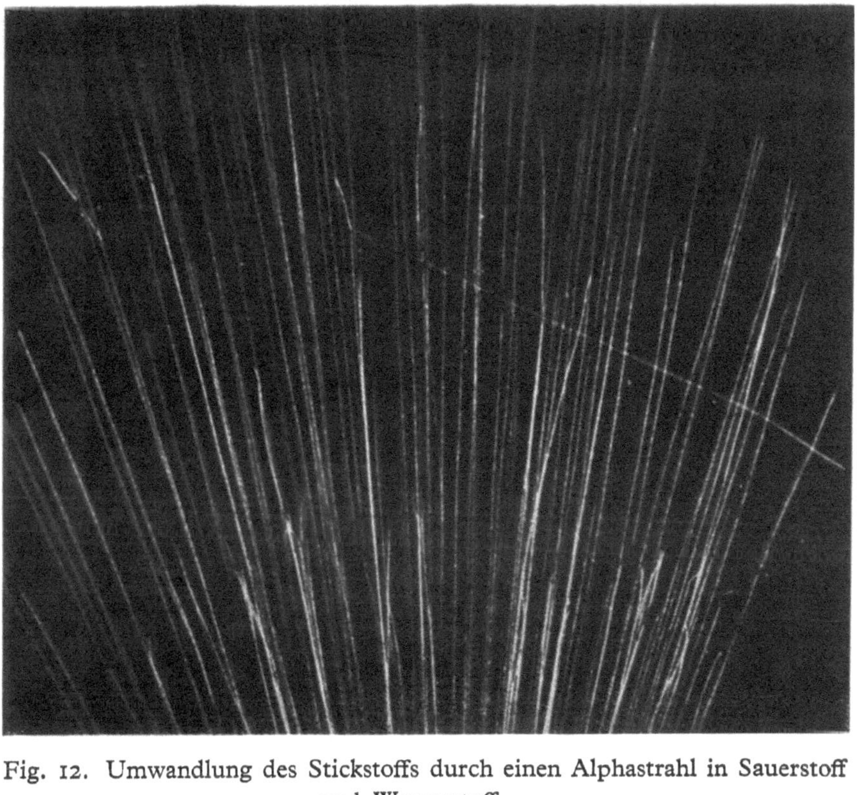

Fig. 12. Umwandlung des Stickstoffs durch einen Alphastrahl in Sauerstoff und Wasserstoff

TAFEL 7

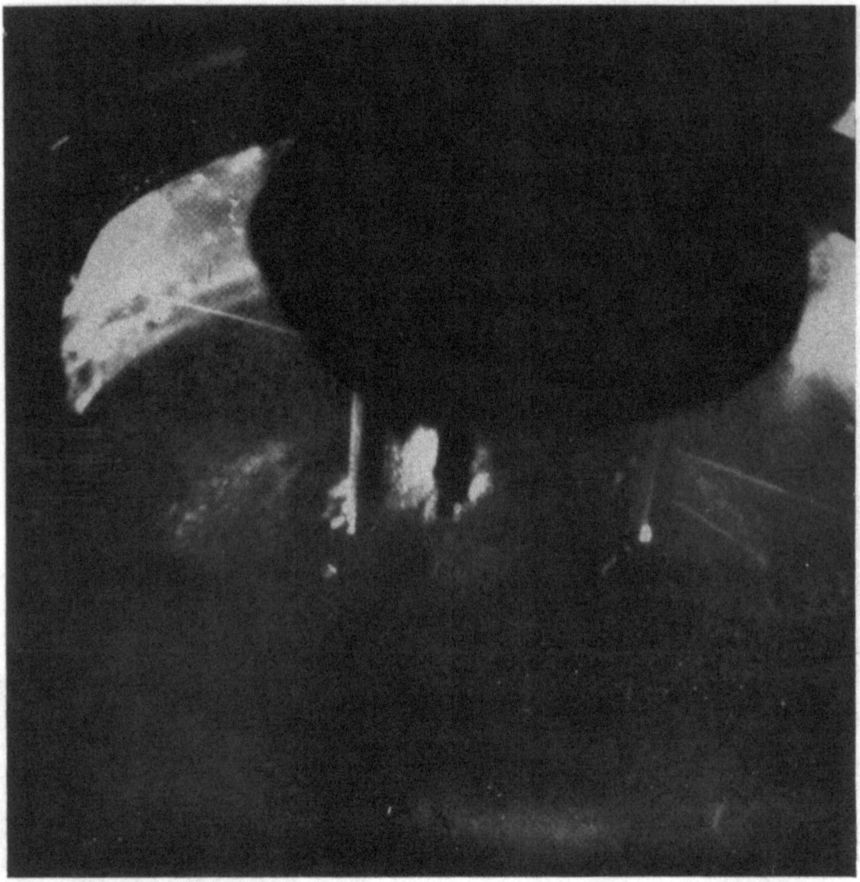

Fig. 13. Umwandlung des Lithiums durch ein Proton in zwei Helium-Kerne

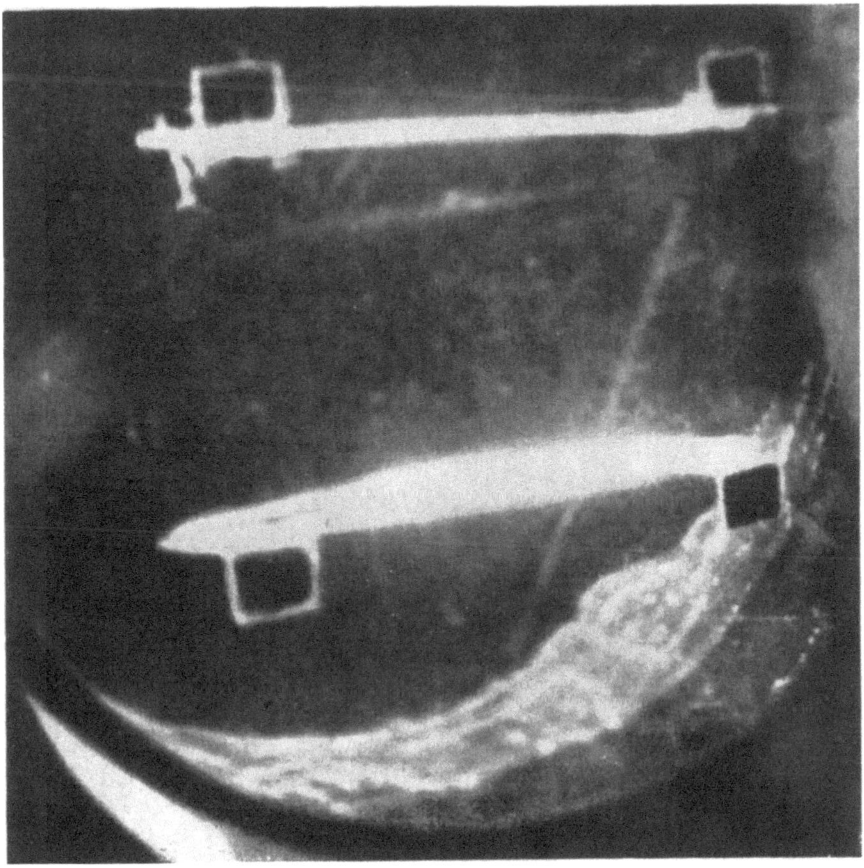

Fig. 14. Uranspaltung

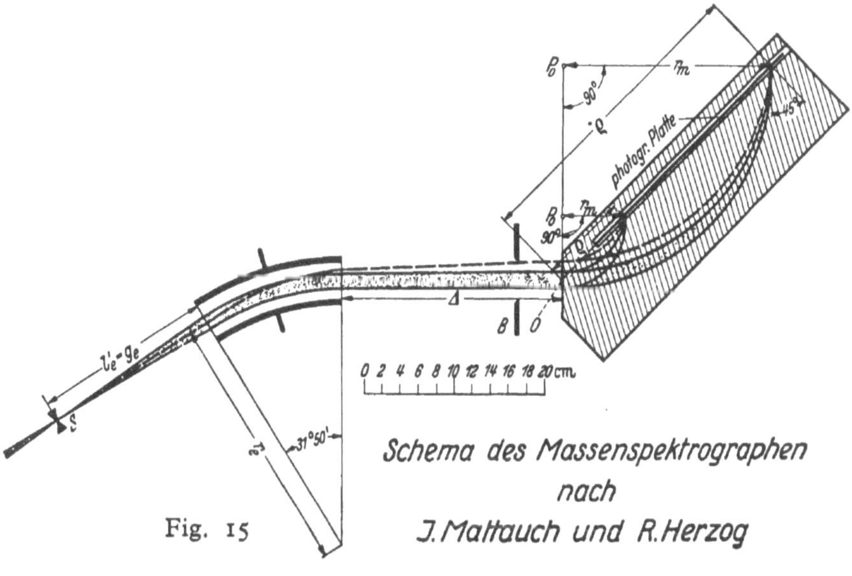

Fig. 15

TAFEL 9

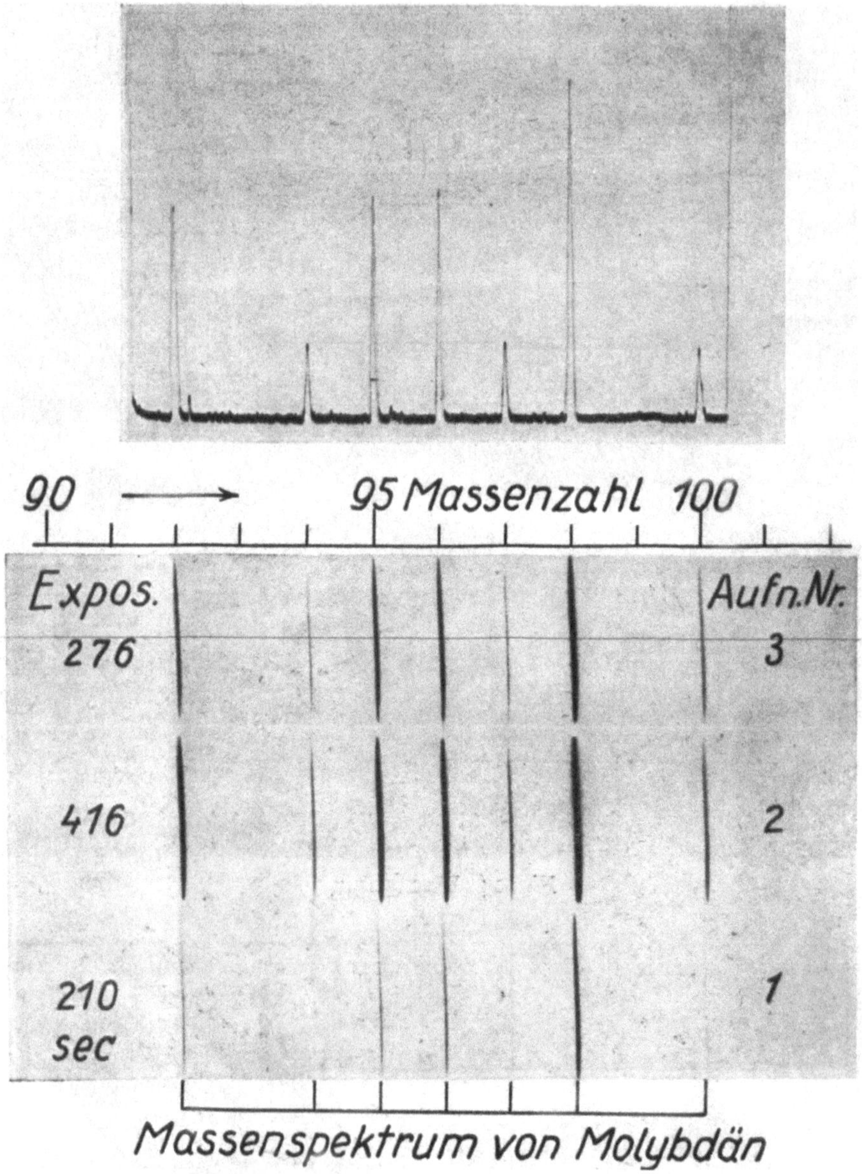

Fig. 16

TAFEL 10

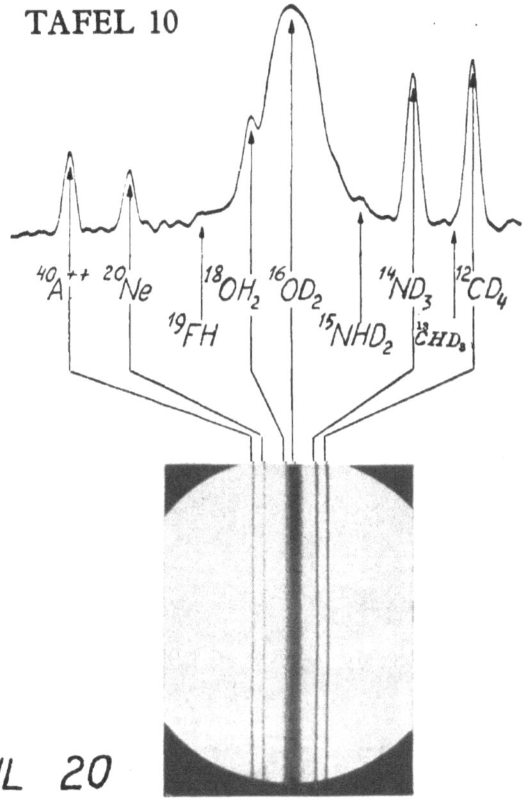

Fig. 17

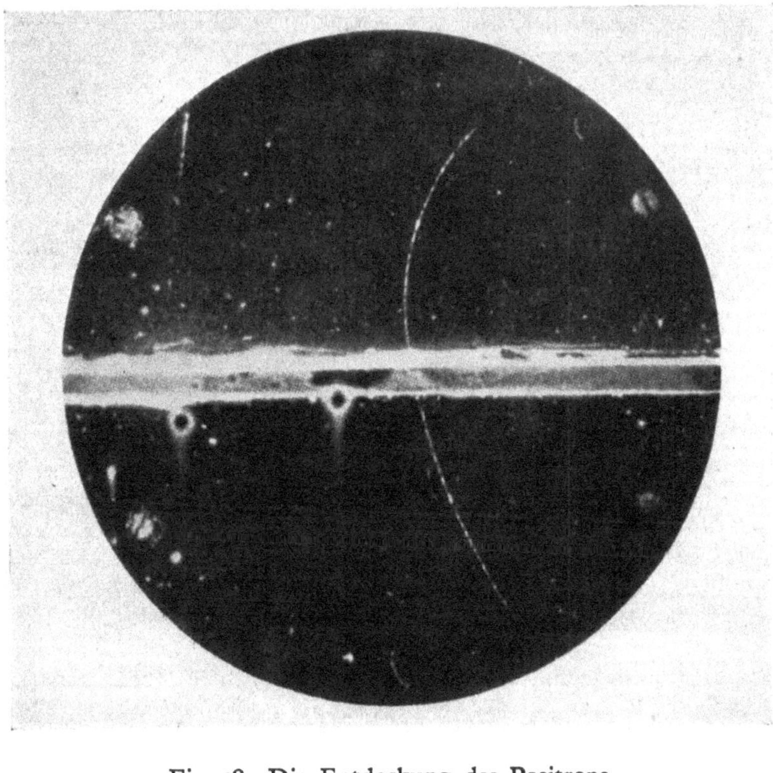

Fig. 18. Die Entdeckung des Positrons

TAFEL 11

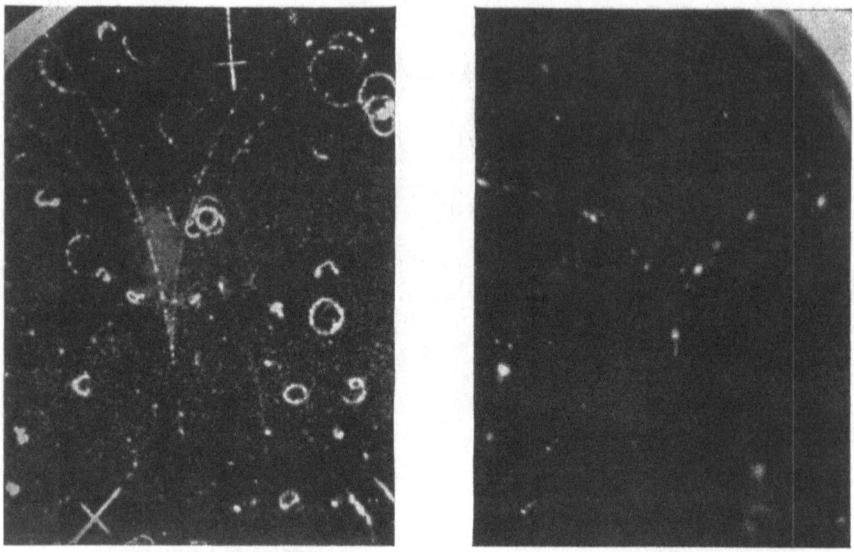

Fig. 19. Paarerzeugung je eines positiven und eines negativen Elektrons im Füllgas der Wilsonkammer

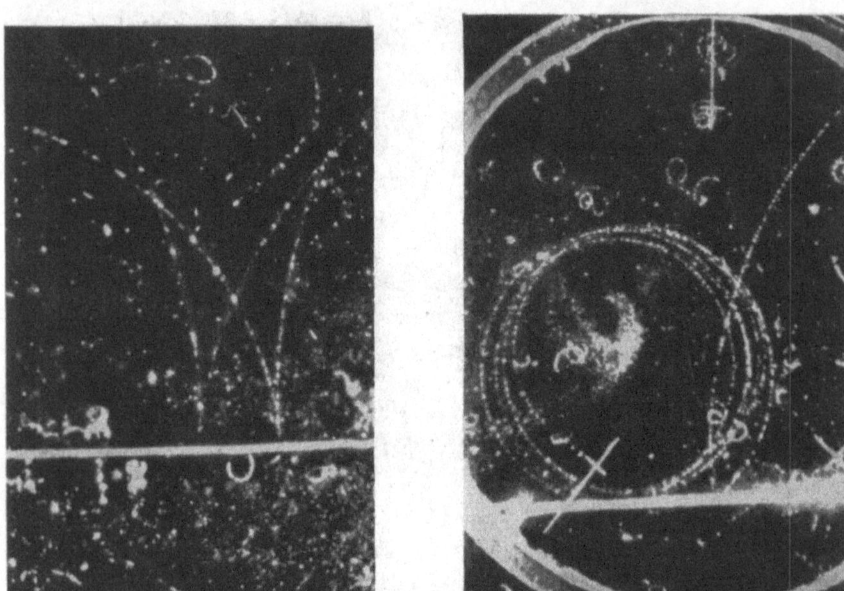

Fig. 20. Paarerzeugung je eines positiven und negativen Elektrons in Blei

MIX
Papier | Fördert gute Waldnutzung
FSC® C083411

Zeitfracht Medien GmbH
Ferdinand-Jühlke-Straße 7
99095 Erfurt, Deutschland
produktsicherheit@kolibri360.de